思考的真相

李笑来 著

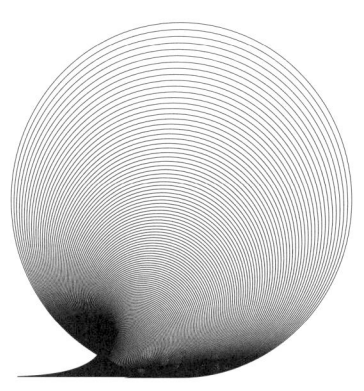

广东经济出版社
·广州·

果麦文化 出品

我们一生中
一切有意义的事情
都是"学"来的，
思考就是学习的工具。

前言

《思考的真相》这本短小精悍的书，几乎是我所有课程和著作的逻辑基础。反复学习如何思考，对理解我其他的课程和著作有极大的帮助。

进一步说，思考其实是每个人受教育的素质基础，也是每个人自学的基础。令人遗憾的是，我们的学校竟然不会用简洁的方式教我们如何思考，于是很多人花了很多钱、上了很多年学，毕业后依然不会思考——连最基础的思考都不会。

思考这件事，说它困难吧，它其实真的很简单，理论上，小学毕业前后就应该且能够掌握足够的思考能力；可说它容易吧，好像还真的很困难，以至于绝大多数人真的不会思考。

这门关于思考的课是讲给所有人听的，并且已经反复迭代，理论上只需小学文化就可以听懂、理解并应用。

为此，我从一开始就把课程定位为所有人都听得懂、学得会，并且对所有普通人都真正有用的一门课。

这么精简的课程你若是认真学习并努力实践了，哪怕你没有文凭，也大概率属于"会思考的正常人类"。很多人有高学历，但不一定真的会思考。

> 很多人宁愿死也不肯思考，并且，他们中的大多数的确也就那样死掉了。（Most people would rather die than think and many of them do.）
>
> ——伯特兰·罗素（Bertrand Russell）

目录

1 基础
1.1 定义　　3
1.2 分类　　7
1.3 比较　　11
1.4 因果　　16
1.5 决策　　19
1.6 流程　　23

2 进阶
2.1 关系　　39
2.2 维度　　46
2.3 未知　　54
2.4 曙光　　59

3 返璞
3.1 类比　　71
3.2 发展　　76
3.3 简单　　87
3.4 升级　　91

总结　　98

1

基 础

日常生活中的思考真没多复杂。思考所需的基础要素只有四个：

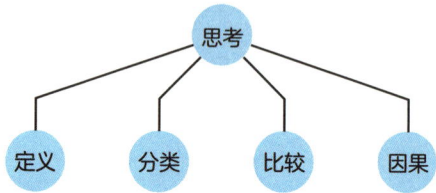

更准确地讲，思考的核心是概念，每个概念都需要定义得足够清楚，而后那些概念之间可能需要分类，可能需要比较，可能构成因果。

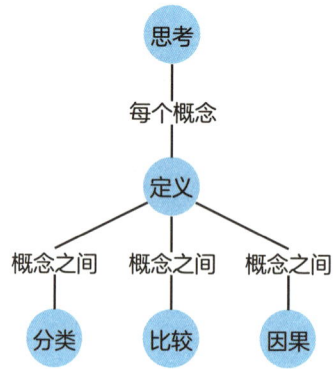

1.1 定义

定义的核心是一个等号。等号左边是概念，右边是描述，即某某概念是什么意思。

教科书里的定义往往只有一个，描述得精确且完整。比如，物理课本里会讲"加速度"的定义：速度的变化量与发生这一变化所用时间之比。而这句话中的"速度"也有精确且完整的定义：位移与发生这段位移所用时间之比。"位移"是什么呢？由初位置到末位置的有向线段构成的矢量。"矢量"又是什么呢？一个既有大小又有方向的物理量。

每门学科，跟上面举例的物理名词一样，都是由一个个相互关联的概念构成的，每个概念都有精确且完整的定义。

每当我们掌握一项新的技能或者学习一门新的学科，本质上就是在我们的脑子里新增很多概念。比如，如果你学过数据库管理（不用高深到工程管理那种层面，只需要操作过 Excel 表格），就知道程序员中的术语 CRUD，分别代表新建（Create）、读取（Read）、更新（Update）、删除（Delete），你脑子里就因此增加了若干个概念。

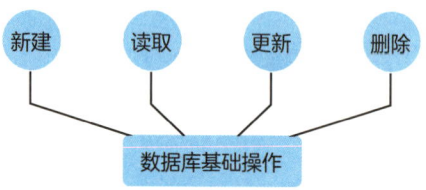

我们每个人的脑子里都有一张概念列表，其中记录的就是一个个概念。而后的实践过程，其实就是在读取（或称调用）某个或某些概念；而学习的过程，就是在新建、更新或删除某个或某些概念。

从 1650 年往后的一百多年里，有个概念叫作燃素（Phlogiston），即最基础的可燃物质。当时人们认为一切可燃的东西，都是因为它们的构成中包含燃素——

木头中含有燃素，所以它可燃；石头不含有燃素，所以它不可燃。后来这个概念被法国化学家安托万-洛朗·德·拉瓦锡删除了。这一概念的删除是道分水岭，标志着近代化学的崛起。

而在古老的东方，人们把舌头起泡、嗓子发哑、头疼脑热这些症状的根源叫作"火"——上火了，所以要降火、去火。现代医学发展到一定程度之后，人们知道这个概念应该被更新，于是改称"炎症"。这些症状都是发炎引起的，针对不同部位的炎症可以用不同的药物去消炎。这时，我们就应该在自己脑子里操作一下概念表，要么把"火"这个概念更新成"炎症"，要么就干脆删掉"火"这个概念，并新建一个概念"炎症"，事实上，所有持有行医执照的医生都如此操作过。

定义的关键，主要是两部分：1.等号左边的概念是必要的，没必要的就删掉；2.等号右边的描述是准确的，即毫无歧义，有歧义的要反复更新直至毫无歧义。没多复杂。

生活中，很多概念可以有若干个定义，这是由于很多重要的事物有很多方面，也可能有很多不同的看待角度，于是需要从另一个方面或者另一个角度重新定义那些概念。

比如"时间"，在物理学上它是一种尺度，是标量，包含时刻和时段两个概念。借由时间，事件发生之先后可以按照过去、现在、将来之序列得以确定（矢量有方向，标量没有方向或者不关心方向）。在生活中，人们常说"时间就是金钱"，或者我常常提到的"时间是一种生产资料"，就是从另一个角度或者另一个方面重新定义时间这个概念。

无论是在学术领域还是在生活中，定义的要求都是一模一样的：有必要且无歧义。这其实是"准确"的另一种说法。但凡有一条做不到，就需要更新甚至删除这一概念。

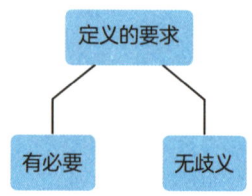

1.2 分类

有些概念是集合概念,即由多个确定的元素或概念所构成的整体。比如"灵长类动物"就是一个集合概念,其中包含很多动物类别,比如猴、猿以及人类。

对于集合概念所包含的各个概念,为了帮助分析和决策,我们最常做的工作是分类。

举个例子。经济学相关书籍里常提到的生产四要素(4 Factors of Production),就是对"生产资料"这一集合概念的分类,包括土地(Land)、劳动力(Labor)、企业家才能(Entrepreneurship)和资本(Capital)。

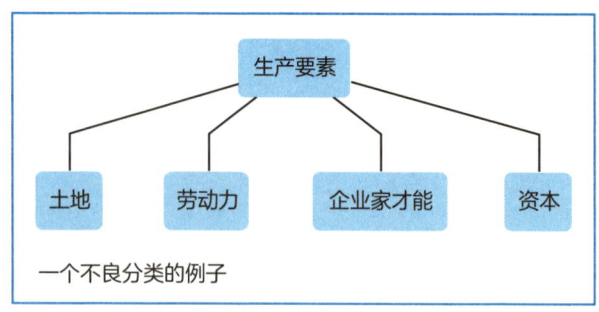

一个不良分类的例子

这个分类最明显的问题在于没做到良好分类的第一个要求：合理，即各个子类别之间应该互不重合。资本能买到其他三个要素中的任何一个，资本可以买到土地，也可以买到劳动力，买到企业家才能也不是不行，聘请CEO不就是购买企业家才能吗？那么资本怎么可以与其他三个要素并列呢？

良好分类的第二个要求是完整，即所有分类加起来应该等于全部。生产四要素若是因为资本这个类别与其他类别有所重合而只能将它剔除的话，仅仅土地、劳动力和企业家才能这三个类别又无法构成完整的生产要素，除非加上一个其他。当然，加不加其他，这种分类都没什么实际的指导意义。无论从哪个角度来看，生产四要素这个分类都实在是太糟糕了。

当然，最糟糕的分类是那种胡搞瞎搞的分类，把原本就不属于某个集合概念的概念放进来，当作其中的一个类别。经典案例是苏联科学家李森科，他生生捏造了一个获得性遗传学说，包装成米丘林生物学，硬塞到"科学"这个集合概念之中，作为一个独特的分类。

或者反过来，把明明属于某个集合概念的概念剔除出去。例如，逻辑训练原本应该属于基础教育，可是一些人认为逻辑不应该是基础教育的组成部分。如果在这种教育理念下成长，孩子长大后的生活必会变得乱七八糟。

话说回来，合理且完整是良好分类的最基本要求，就是这么简单。

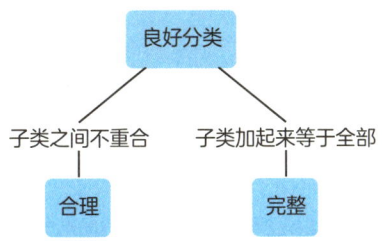

如此简单的东西，却异常重要。我母亲退休前是延边大学医学院的图书馆馆长，在我很小的时候她告诉我，图书馆的核心是情报学，而情报学的核心就是分类。又过了很多年，人工智能崛起需要大数据，在给人工智能"喂养"大数据之前要对数据进行清洗，清洗数据的术语是"打标签"。也就是说，人工智能培养的基础核心工作之一竟然也是分类。

　　生活中所谓的全面思考，归根结底就是分类得足够合理、足够完整。比如，分析一个问题，看到某个结果有很多原因的时候，这些原因该如何分类？有没有什么类别没考虑到？再比如，需要做判断的时候，那些判断标准又应该如何分类？有没有什么判断标准没考虑到？又比如，一个事物到底需要考虑哪些方面？有没有什么方面没考虑到？这些问题的本质都是分类。分类要既合理又完整。

比较

两个事物之所以可以相互比较，原因有两点：一是它们属于同一范畴；二是它们拥有相同的属性。苹果和橘子都属于水果，我们会比较哪个更好吃，这是在比较同一范畴的两个不同事物之间的同一属性。

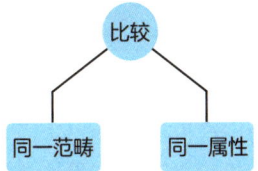

比较并不难，可人们在生活中经常不这么觉得。其主要原因之一是人们在生活中经常胡乱比较，不在意判断依据是主观的还是客观的。

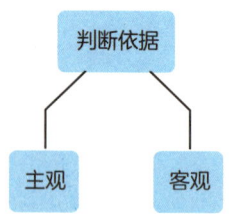

主观的判断依据不是没用,只是它本身不可争辩,用它做出的判断也不可争辩。比如,"两件衣服穿在自己身上哪件更好看"这种比较,判断依据是主观的,无论是自己纠结还是与人争辩都无太多的意义。判断依据最好是客观的,这样它就可以被量化,可以被精确比较。比如,"两个人谁更高"这种比较,判断依据是客观的,身高可测量,相差的高度可计算。

当多个客观判断依据同时存在的时候,可以将判断依据按照重要性排列,分别给予不同的权重,给根据每个判断依据得出来的结论打分,逐一打分后,计算出总分,进而得出结论。

比如,孩子的高考成绩满足三所高校的录取条件,到底去哪一所?这个问题的核心就是比较,只要比较出结果,决策就呼之欲出。假设我们先确定了四个判断依据:学校排名、地理位置、专业设置、学费,然后按照重要性排列,分别给予不同的权重。

又假设我们认为学校排名最重要，权重为 40%；地理位置次之，权重为 30%；专业设置第三，权重为 20%；学费最不重要，权重为 10%。

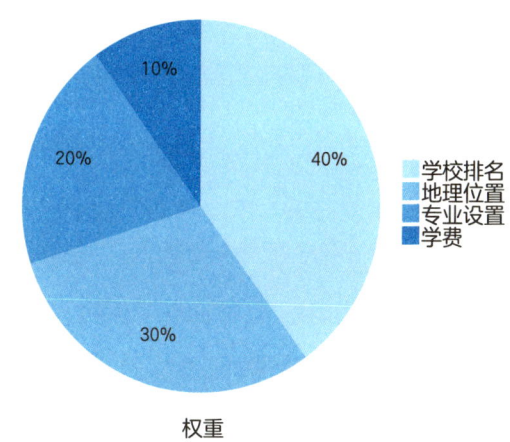

权重

接下来，我们给根据每个判断依据得出来的结论打分。假设我们认为 A 学校排名最高，得 10 分；B 学校排名第二，得 8 分；C 学校排名最低，得 6 分。同理，我们给其他三个判断依据也打分，最后把所有的分数乘以相应的权重，加起来得到一个总分，如下表：

学校	学校排名	地理位置	专业设置	学费	总分
A	10×0.4=4	7×0.3=2.1	8×0.2=1.6	5×0.1=0.5	8.2
B	8×0.4=3.2	9×0.3=2.7	7×0.2=1.4	6×0.1=0.6	7.9
C	6×0.4=2.4	8×0.3=2.4	9×0.2=1.8	8×0.1=0.8	7.4

另一个困境在于，"判断依据"这个东西只能靠不断积累，谁都没办法从一开始就获得或掌握所有判断依据。举例来说，当我们要评价一部电影好坏时，可能会参考以下几个方面的信息：

- 电影的类型、题材、风格
- 导演、编剧、演员的基本信息和能力体现
- 电影的票房、评分、奖项等客观数据
- 电影的剧情、人物、主题、情感等主观感受
- 电影的社会影响、文化价值、创新意义等深层次的评价

日常生活中，人们给电影评分仅凭主观依据，打分体现的不过是他们看完之后"爽"的程度而已。一旦要

求客观，我们就能体会到"比较"虽然看上去简单，工作量却非凡。这些信息都可以作为我们评价电影的判断依据。但是，我们不可能一下子就掌握所有的信息，也不可能对所有的信息都有同样的了解和认识。这种困境不仅存在于评价电影这样的日常场景中，也存在于更复杂、更重要的领域，比如科学研究、公共决策、商业竞争等。在这些领域中，判断依据的获取和使用更加困难，也更加关键，因为它们可能涉及人类的知识进步、社会的公平正义、企业的生存发展等重大问题。

这个困境没有一次性的解决方案，只能靠长期积累和持续更新。但反过来看，"没有一次性的解决方案"也能成为我们的动力，否则我们为什么要终身学习、终身成长呢？

1.4 因果

当一个原因产生一个结果的时候,总是原因在前,结果在后。可我们从小就被教育过,时间上的先后顺序并不保证因果关系。学术上,因果关系的探究从来都不容易,甚至,因果分析几乎是科学的核心。所谓科学方法的实施过程,基本上都相当耗时费力且伤财。至于方法,理解起来都不太难,操作起来都相当吃力。

除了常见的观察法、实验法、统计分析之外,在不同的领域中,为了确定因果关系,科学家们各自努力发展出了许多方法。比如,在药学里普遍使用的双盲实验和回顾性研究,在法律领域里普遍认同的"谁主张,谁举证"原则,经济学的回归分析,社会科学领域的随机对照试验、差分法,计算机领域里的蒙特卡洛模拟等。

绝大多数普通人可能无法一一掌握。

在日常生活中，个体的研究能力和生产资料都有限，于是常常直接囫囵吞枣地采用专家得出的研究成果。不过，生活里问题太多，总是无法避免要自己动手研究。我们可以采取从以下四个方面入手的提问式模板，通过逐一自问自答来寻求答案：

> A 真的是 B 的原因吗？
> 如果 A 是 B 的原因，那么，A 是 B 的唯一原因吗？
> 如果 A 不是 B 的唯一原因，那么还有哪些原因？
> 如果 A 不是 B 的最重要原因，那么最重要的原因到底是什么？

这个提问流程虽然简单，却相当够用。日常生活里绝大多数因果分析，哪怕仅用这四个问题过一遍，就已经超越了绝大多数人的"思考"（或者绝大多数人的"不思考"）。

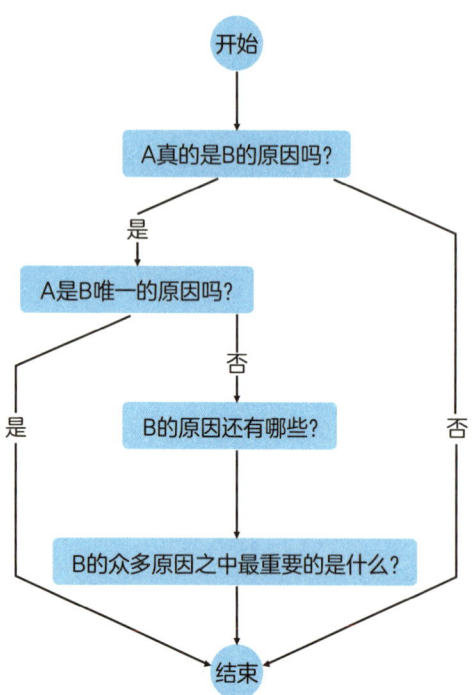

1.5 决策

生活中我们做的每一个决策,无论重要与否,背后的思考其实都是定义、分类、比较、因果这四个要素的组合应用。

实际上这四者有着微妙的先后顺序。分析因果就可能需要比较;比较之前得先做到分类合理,才能基于同一范畴、同一属性进行比较;想要分类合理,就要先定义清楚。

定义 ⟶ 分类 ⟶ 比较 ⟶ 因果

当然,到最后都是组合嵌套使用,比如找到种种原因之后,也要对各种原因分类(内部原因或外部原因),然后还要相互比较,找到最重要的那个原因。

举个例子，在选择职业时，一个人需要根据自己的兴趣、能力和期望收入等因素来做出决策。首先，他需要定义自己的兴趣和长处；然后，他需要分类可能的职业领域，例如科学、艺术、教育等；接着，他需要在这些领域中进行比较，看看哪个职业更符合自己的需求和期望；最后，他需要考虑因果关系，例如在某个职业中是否会获得满足感、收入是否足够等。在经过这四个要素的组合应用之后，人才能做出一个明智的职业选择。

一个人在决定自己的饮食习惯时，也同样需要考虑这四个要素。首先，他需要定义健康饮食的标准，例如低热量、高营养价值等；接着，他需要分类各种食物，将它们分为健康和不健康的类别；然后，他需要在这些食物之间进行比较，挑选出最符合健康饮食标准的食物；最后，他需要思考因果关系，例如选择的某种食物对他的身体健康产生什么样的影响。通过这四个要素的组合应用，人可以做出更健康的饮食选择。

再举两个我生活中的例子：

比如，我买特斯拉作为代步工具，这是决策后的行动。我如此决策的根据是什么呢？在此之前，我肯定根据自己的情况分析过，得出了自己的结论。这是因果关系。为什么呢？因为我比较过特斯拉和其他可能的选择（比较与因果）：我先在油车、电车中做了一个选择（分类与比较），而后再在电车中继续比较不同品牌，并根据比较的结果做出了决定（还是比较与因果）。

再比如，我不仅买了特斯拉作为代步工具，我还买了特斯拉的股票[1]。为什么呢？理由之一是，在我眼里，特斯拉从一开始就是一家机器人制造公司，而不是大多数人以为的汽车制造公司。我每天上路开的特斯拉，其实是我这一生中第一个机器人，只不过它不是人形机器人，而是车形机器人。这就是由于定义不同，进而理解不同，而后分类和比较都不同，决策自然也不同（定义、分类、比较与因果）。

我肯定不是唯一一按此路径思考的人。对同样的东西，人们总有各自独特的定义。比如同样是汽车，吉利控股集团的董事长李书福就有非常不一样的定义：汽车是什么？不就是两张沙发配四个轮子再加上一个铁壳吗？

以上就是非常简单且实用的思考框架。凡事从这

---

1 该投资仅作实例展现和分析，不构成任何实质性的投资建议。

四个要素出发，考虑每个要素的时候都有些需要注意的地方，也都有一些常见的套路。事实上，所有复杂的问题，其实都是由这些简单的要素组合或者叠加构成的，逐一突破即可。

1.6 流程

描述任何事情,无非都是什么、为何、如何(What、Why、How)。什么人,什么地方,什么时间,什么事,都是"什么"(What)。与之对应的思考动作,则分别是定义、决策和流程。

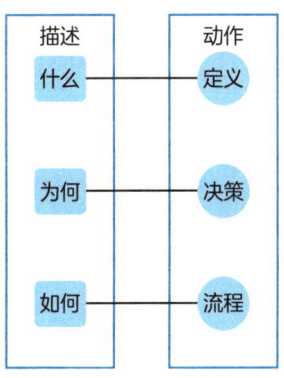

做事需要时间，无论大事小事。时间不可压缩，不可跨越，且不受任何人或事物的影响。小事有可能一步就做完，但也同样需要时间；大事可以被拆分成若干件小事，由于时间的客观存在，就得对完成的步骤，即对由大事拆分出来的每件小事进行统筹规划——先干什么后干什么，或者可以同时干什么，又或者在什么情况下做什么。

> 天下所有的程序，本质上都是以完成任务为目标的流程管理；而天下所有的流程，都由以下三种模块组成。这是科拉多·博姆（Corrado Böhm）和朱塞佩·雅各比尼（Giuseppe Jacopini）在1966年的一篇论文中提出的结论，被计算机科学家称为"结构化程序定理"（Structured program theorem）。
> 顺序：按顺序执行每一个步骤。
> 循环：重复执行一系列步骤。
> 判断与分支：根据不同的情况执行不同的步骤。

这是对我人生影响最大的学术定理。因为运气好，我很小就接触了计算机，12岁就有机会到少年宫学习 BASIC 编程语言。虽然后来没有成为程序员，也没有成为计算机科学家，但从那时候开始，我对做事就有了与他人不太一样的看法（也是类比思考）：

> 做事的本质，做什么都一样，无非是对流程的规划和管理；把事做好或者提高效率，无非就是对流程的优化而已，无他。

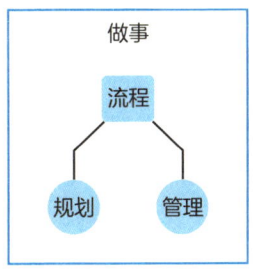
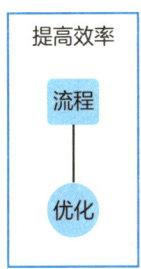

顺序流程很好理解，就是把事情拆分成若干个步骤，逐步完成，只不过顺序很重要。下象棋的时候，双方在同样的棋盘上以同样的棋子数量与布局开始，以同样的规则博弈，到最后竟然有输有赢。"先干什么后干什么"决定了输赢，这就是顺序的重要性。当然，人们可以把这种走棋的顺序安排用更高级的词来称呼，比如"策略"。

顺序流程貌似简单，但也不见得容易学会。除了先后很重要以外，漏掉某个步骤这样的错误不仅常见，且可能造成灾难性后果。小事如出门前漏掉检查随身物品的步骤，结果忘带了钥匙、钱包、手机；大事如开车前漏掉检查一下车胎情况，或者漏掉查看一下汽车周边情况，结果酿成车祸。

循环流程，就是把一系列的步骤重复执行若干遍：

例如我们小时候背课文，在背诵之前，要先反复朗读课文若干遍，直至熟练为止。反复朗读课文若干遍，就是循环流程。

判断与分支，就是在某一步骤进行判断，然后根据不同情况执行不同的步骤。以背课文为例，基本的流程如下，总体上是按顺序完成三个步骤：

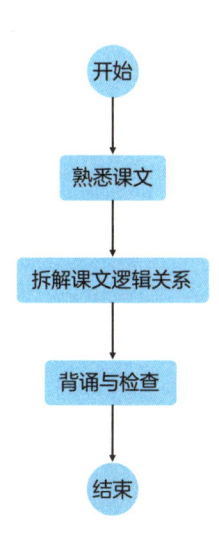

```
开始
  ↓
熟悉课文
  ↓
拆解课文逻辑关系
  ↓
背诵与检查
  ↓
结束
```

很多人其实并不知道如何背诵课文。比如，绝大多数人在背诵课文的时候没有第二个步骤"拆解课文逻辑关系"，只是通过熟读，一句一句顺下来，运气好就能背完，运气不好就会卡壳，想不起下一句是什么。

我们再来仔细看看每个步骤。"熟悉课文"这部分很简单，就是朗读若干遍，直至每个字都不可能读错。根据经验，大声朗读十遍基本足够了。

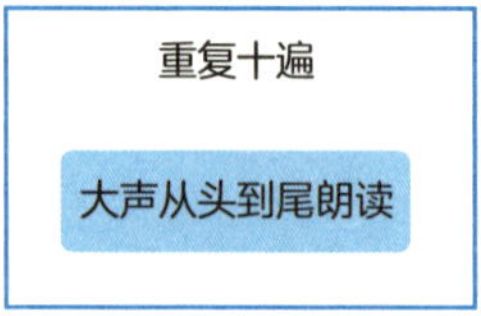

```
重复十遍
　
大声从头到尾朗读
```

流程图具体如下：

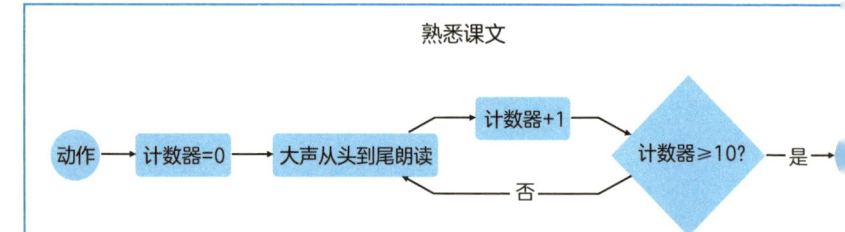

熟悉课文

动作 → 计数器=0 → 大声从头到尾朗读 → 计数器+1 / 否 → 计数器≥10? —是→

而第二部分，"拆解课文逻辑关系"的流程图大致如下：

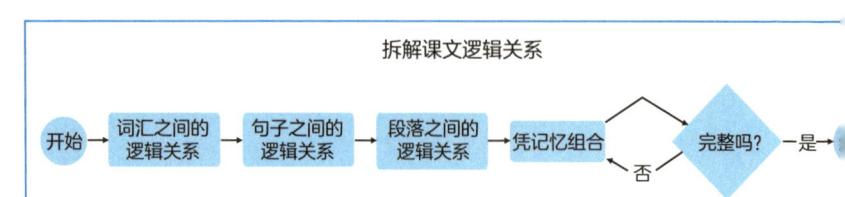

拆解课文逻辑关系

开始 → 词汇之间的逻辑关系 → 句子之间的逻辑关系 → 段落之间的逻辑关系 → 凭记忆组合 / 否 → 完整吗？ —是→

第三部分"背诵与检查"的流程图大致如下:

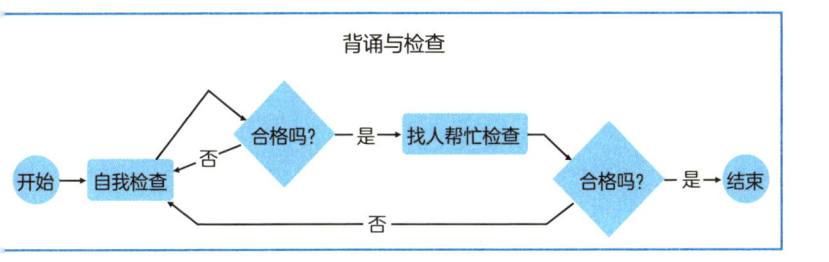

```
                          背诵与检查
                ┌───────┐
                │  否   │
         ┌──────▼───────┐
开始 → 自我检查 → 合格吗? ─是→ 找人帮忙检查 → 合格吗? ─是→ 结束
         ▲                                      │
         └──────────────── 否 ───────────────────┘
```

将这三部分拼接起来大致如下:

拆解课文逻辑关系

开始 → 词汇之间的逻辑关系 → 句子之间的逻辑关系 → 段落之间的逻辑关系 → 凭记忆组织 → 完整吗? — 是 → 结束；否 → 凭记忆组织

熟悉课文

开始 → 计数器=0 → 大声从头到尾朗读 → 计数器+1 → 计数器≥10? — 是 → 结束；否 → 大声从头到尾朗读

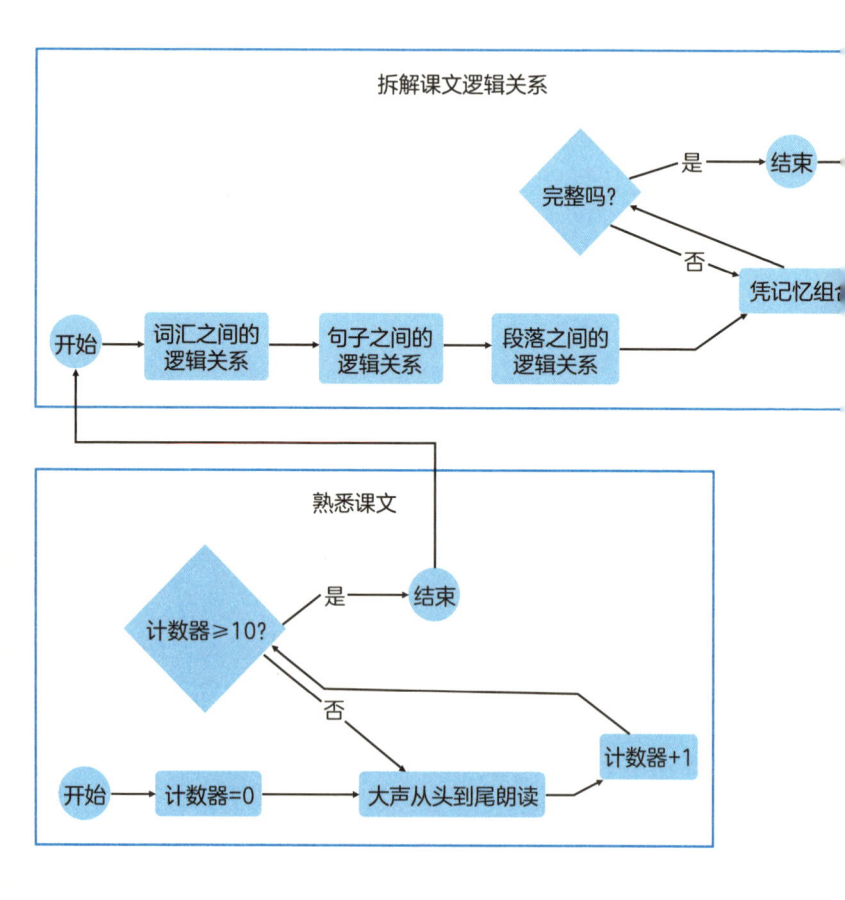

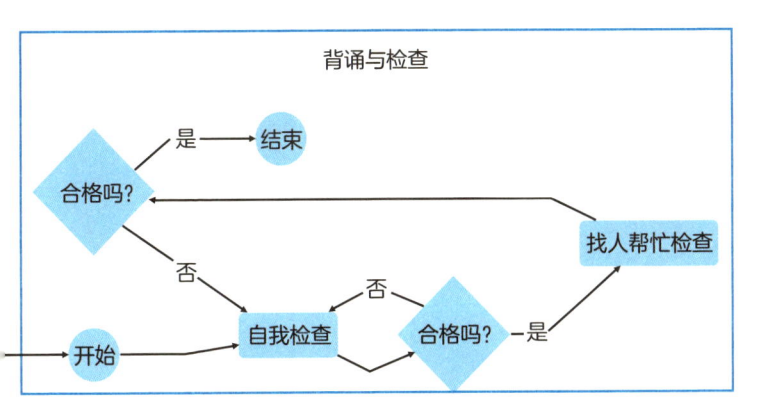

背诵与检查

```
开始 → 自我检查 → 合格吗? --是→ 找人帮忙检查 → 合格吗? --是→ 结束
         ↑         否↲                        否↲
         └──────────否───────────────────────┘
```

流程这个东西，如果只由确定了先后顺序的步骤构成的话，就非常机械，即便加上重复，也只不过是机械自动化而已。可如果在流程执行过程中可以做判断，还能根据不同的判断执行不同的步骤，就非常智能。计算机出现之前，所有的机器都是机械的，计算机之所以智能，就是因为它可以用布林代数做判断，再根据不同的判断结果决定下一步做什么。

前面的因果分析中就有好几个判断与分支：

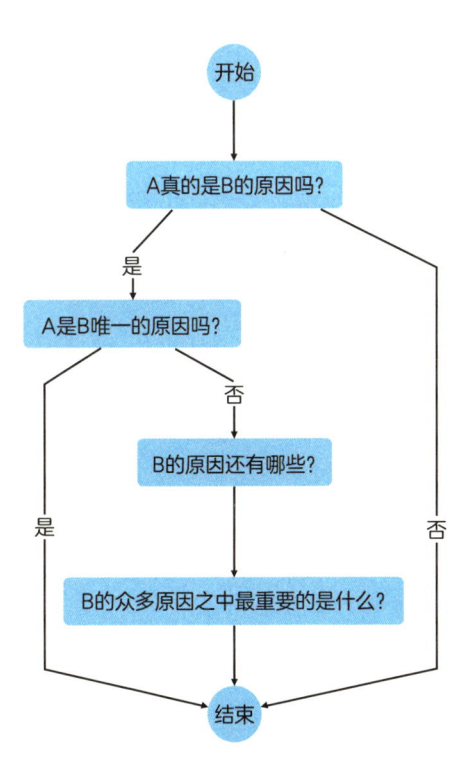

```
开始
  ↓
A真的是B的原因吗?
  ├─是→ A是B唯一的原因吗?
  │       ├─是──────────────→ 结束
  │       └─否→ B的原因还有哪些?
  │               ↓
  │             B的众多原因之中最重要的是什么?
  │               ↓
  │             结束
  └─否────────────────────────→ 结束
```

再进一步说，所谓的智能，核心只不过是判断；而判断的核心，无非是恰当的比较和合理的分类，前提是必要且毫无歧义的定义。

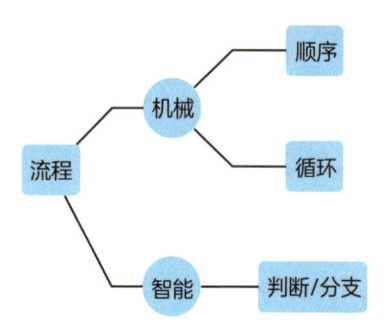

```
                    ┌── 顺序
         ┌── 机械 ──┤
流程 ──┤           └── 循环
         └── 智能 ──── 判断/分支
```

生活中的一切任务，到最后都可以画个流程图出来，进而管理或优化。小到出门前过一遍的检查列表，继而如开车前习惯性检查一下轮胎，大到创业或者管理公司，甚至家庭教育或人生建设，抑或家族创建，都是可管理可优化的流程。因为无论多大的事情，都可以无限拆分直至化为一个个的小模块，而后对其进行流程管理。

流程优化本质上有多简单呢？

1965年中国工业出版社出版了一本好书《统筹方法平话及补充》，作者华罗庚。书中华罗庚举了个泡茶的例子："想泡壶茶喝。当时的情况是：开水没有。开水壶要洗，茶壶茶杯要洗；火已生了，茶叶也有了，怎么办？"

洗开水壶要1分钟，烧开水15分钟，洗茶壶1分钟，洗茶杯2分钟，拿茶叶1分钟，这些准备好了，就可以泡茶了。那么按照什么样的顺序做才效率最高呢？华罗庚给出的方案是这样的：

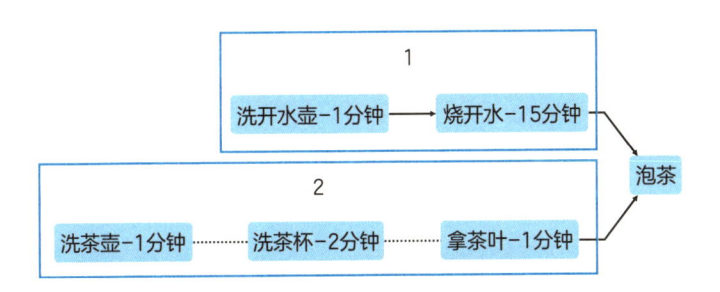

```
                    1
    洗开水壶-1分钟 → 烧开水-15分钟
                                        ↘
                    2                     泡茶
                                        ↗
    洗茶壶-1分钟 ⋯⋯ 洗茶杯-2分钟 ⋯⋯ 拿茶叶-1分钟
```

把一项任务拆分成若干个步骤之后就好安排了。每个步骤需要的时间都算得出来，然后研究一下步骤之间的关系。有些步骤之间有先后顺序，比如洗开水壶的工作必须放在烧开水之前；而洗茶壶、洗茶杯、拿茶叶这几项任务可以不分先后；关键在于，这几项任务可以在烧开水的15分钟里做，不耽误事。于是，总计16分钟可以完成所有步骤。

虽然统筹学是专门的学科，但其核心的确简单，简单到小学生都能理解和实践。因为统筹不过是研究两件事：

> 串联：哪些步骤可以不分先后，哪些步骤之间必须有先后安排。
> 并联：哪些步骤可以同时进行。
> 最后，节省时间的核心在于能并联的都并联。

伟大的思想都是简单的，但不要以为所有人都会统筹，所有人的工作效率都很高。事实显然并非如此，看看多少成年人在厨房里忙得焦头烂额就知道了。在家如此，到了工作岗位也一样，大多数人做事毫无章法。

2

进阶

进阶并不一定意味着高级。多个简单的东西叠加之后，可能就不那么简单了——原本简单的就不一定容易，现在可就更不容易了。

2.1 关系

事物由定义描述清楚之后，分类、比较以及因果分析这三个动作，会确定事物之间的关系。

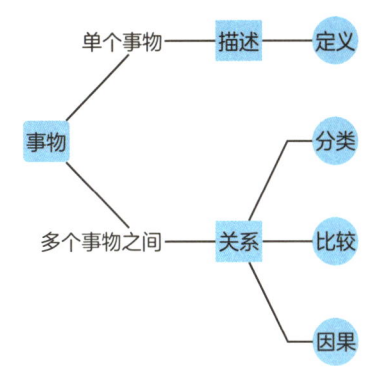

```
单个事物 ── 描述 ── 定义
事物
                         ┌── 分类
多个事物之间 ── 关系 ──┼── 比较
                         └── 因果
```

分类之后确定的关系有：

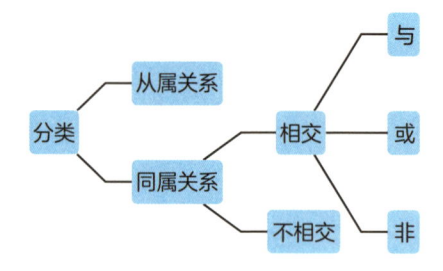

```
            ┌─ 从属关系          ┌─ 与
分类 ─┤                ┌─ 相交 ─┼─ 或
            └─ 同属关系 ┤         └─ 非
                        └─ 不相交
```

从属关系和同属关系很好理解。苹果属于水果，香蕉也属于水果，所以苹果和香蕉之间不是从属关系，而是同属关系，都属于水果。

若两个集合概念同属另一个集合概念，那么，这两个集合概念可能相交，也可能不相交。相交的两个集合概念，可进行"与或非"计算。与或非关系是指概念之间的逻辑关系，包括"与"（AND）、"或"（OR）、"非"（NOT），可以帮助我们更好地组织和理解概念。

> 与（AND）：要满足两个或多个条件的情况。例如，寻找既喜欢苹果又喜欢香蕉的人，这里的关系是"与"关系，因为需要同时满足两个条件。

或（OR）：只需满足其中一个条件的情况。例如，寻找喜欢苹果或香蕉的人，这里的关系是"或"关系，因为只需要满足其中一个条件。

非（NOT）：排除某个条件的情况。例如，寻找不喜欢苹果的人，这里的关系是"非"关系，因为我们要排除喜欢苹果的条件。

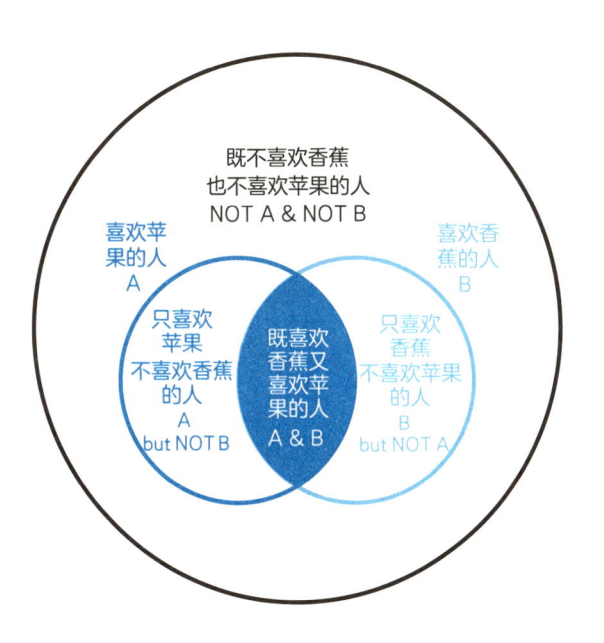

既不喜欢香蕉
也不喜欢苹果的人
NOT A & NOT B

喜欢苹果的人
A

喜欢香蕉的人
B

只喜欢苹果
不喜欢香蕉的人
A but NOT B

既喜欢香蕉又喜欢苹果的人
A & B

只喜欢香蕉
不喜欢苹果的人
B but NOT A

同属一个集合概念却互不相交的概念之间，常见的逻辑关系有：

> 并列
> 递进
> 转折

比如，"排名不分先后""重要性都差不多"就是并列关系；再比如，"更好的""更重要的""更为关键的"，相对于与"其他"之间的关系，就是递进关系；又比如，"好"与"坏"，"随便"与"小心"之间，就是转折关系。

这种逻辑关系也有着重要的作用，在线上课程《李笑来的写作课》里有详细讲解，请移步参考。

比较之后确定的关系有：

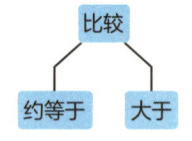

```
        比较
       /    \
    约等于   大于
```

这里只列大于而没有列小于的原因在于，小于是大于的镜像，"A 小于 B"可以用"B 大于 A"来表达。等于之所以可以忽略，是因为既然等于就无须比较。而不等于之所以被忽略，是因为既然不等于则要么大于，要么约等于，二选一。

而约等于对应着一种思考模式，叫作类比——它非常重要，我会在下一部分展开讲。另外，在语文课或写作课里，当众多要素摆在一起的时候，相互之间基于比较可能产生的逻辑关系，最常见的有三种：并列、递进与转折。这里就不展开论述了。

因果分析之后确定关系最基本的结论有：

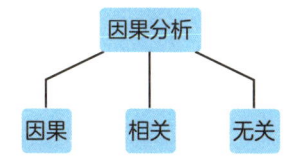

```
        因果分析
      ┌────┼────┐
     因果  相关  无关
```

因果关系已经无须解释，先着重说一下相关关系。

"冰激凌销量"和"溺水人数"之间，就存在着相关关系。冰激凌销量一增加，溺水人数就增加；冰激凌销量一减少，溺水人数就减少。那你能说冰激凌销量增加导致了溺水人数增加吗？不能。这两件事之间是相关关系，不是因果关系。

```
冰激凌销量增加 ——————→ 溺水的人数增加
```

天气热，冰激凌销量就增加；天气凉，冰激凌销量就减少。与此同时，天气热，去游泳的人就多，就算溺水比例不变，但基数大了，溺水人数增加了。反过来，天气凉，大家不去游泳，溺水人数就减少，甚至为零。所以事实上，冰激凌销量和溺水人数都是"天气变化"这一原因造成的结果，但它们之间不存在因果关系。如果把冰激凌销量和溺水人数之间的相关关系误认为因果关系，那么真正的原因就会被忽略，成为漏网之鱼。

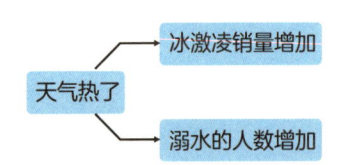

```
              ┌──→ 冰激凌销量增加
    天气热了 ──┤
              └──→ 溺水的人数增加
```

很弱的相关关系就约等于无关。事实上，生活中很多看起来相关的事物之间，事实上可能真的无关。比如，"受教育程度"和"生活满意度"之间，显然就没有直接因果关系，也看不出很明显的间接因果关系。准确地讲，这两者几近于无关。当然，你会在生活里频繁见到人们把两个事实上完全无关的事物或者事件，用因果关系连接起来，比如"早上烧了香拜了佛"和"下午股票赚了点钱"。

早上烧了香拜了佛　　下午股票赚了点钱

2.2 维度

我们继续深入审视因果关系。

研究因果关系事实上很难，仅靠感觉是绝对不够的，于是，这方面的研究从来都耗时费力且伤财。看看科学史就知道，在现代科学启蒙阶段，大抵只有教堂里的神父和社会上的富二代才有足够的生产资料参与研究。

在相当长的时间里，人们关注的只有一对一因果关系，即一个原因造成一个结果；或者反过来，看到一个结果时，想办法去找到造成这一结果的那个原因。

A ⬤ ⟶ B

只关注一对一的因果关系，最终发展成了"以为只有一对一的因果关系"，以至于很多人在不知不觉中只相信有因必有果、有果必有因；进而基于这个普遍且固执的理解，各种形式的迷信在世界各地此起彼伏地崛起、盛行。

整个世界，以及我们的现实生活，远比我们想象的复杂。这世界有太多"一个原因造成很多结果"的情况，反过来，也有"一个结果由很多原因导致"的情况。天热会导致冰激凌销量上升、溺水人数增加，以及社会耗电量增加等结果；反过来，溺水人数增加的原因，可能不只天热这一个因素，还有如该年有海啸暴发、上一年安全教育培训减少，或者政府削减相关支出等。

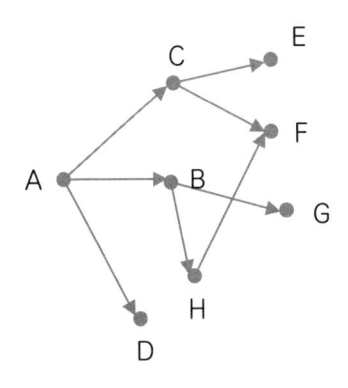

我们并非生活在一对一因果关系构成的一维因果世界里，而是时时刻刻都生活在不知道比想象的要复杂多少倍的二维因果网络世界里。

一维因果世界 ⟶ 二维因果网络世界

二维因果网络世界固然比一维因果世界复杂很多，但实际上，世界比这更加复杂。

当科学家们注意到两个事物互为因果关系，并有能力对其进行系统化研究的时候，已经是20世纪的下半叶了。比如，"科技发展"和"经济发展"就是互为因果关系。科技发展会促进经济发展，经济发展也会反过来促进科技发展。

生活中，人们总说"性格决定命运"，这是一维的因果思维模式——有这样的命运，是因为有那样的性格。可事实上，性格和命运是互为因果关系。性格是过往经历塑造的，而命运其实是经历的总和，与此同时，性格也的确影响决策，并将"现在"变成"过往"，形成更多的经历。

互为因果的有趣之处在于，时间这一因素再也无法被忽视。在一维的思考模式中，时间只不过是一个可能形成干扰的因素，与思考相关的教育里强调"时间上的先后关系并不确保事物因果关系的存在"，然后呢？就没时间什么事了。

互为因果的两个事物，先是 A 导致 B，在下一个瞬间，因果关系对调，B 导致 A。也就是说，两个事件发生的先后顺序也对调了，然后不断对调，无论是因果关系还是时间顺序。关键在于，"瞬间"可以被忽略，可是，由无数"瞬间"构成的"永恒"（或者哪怕"一段时间""相当长一段时间"）如何被忽略呢？再也无法被忽略了——于是，时间终于成为人们突然看到的"房间里的大象"[1]。

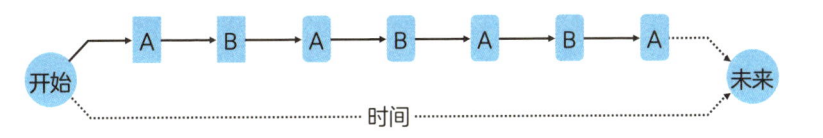

1　房间里的大象：英语谚语"elephant in the room"。意为某事实确凿地存在于我们的日常生活中，但是人们依然刻意回避，故作不知。

我们这才恍然大悟，原来我们所在的世界不是一维因果世界，也不是二维因果网络世界，而是由时间串起的无数因果网络而构成的三维因果系统世界。

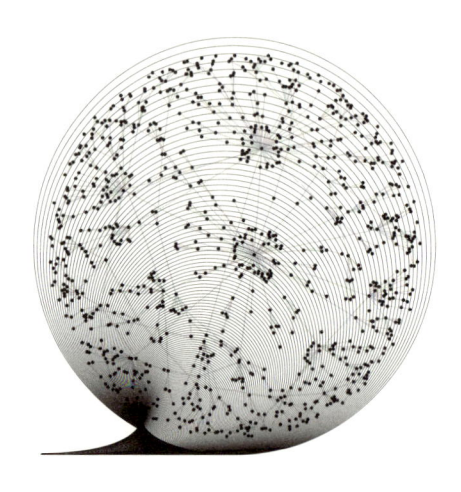

如此，用一维因果世界的眼光看待真实的三维因果系统世界，就太局限了。

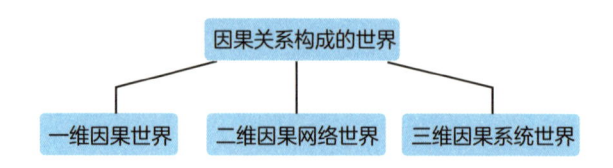

```
        因果关系构成的世界
       ／      │      ＼
  一维因果世界  二维因果网络世界  三维因果系统世界
```

回顾一下时间这只"房间里的大象"被发现的过

程。最初，时间仅仅被认为是干扰因素；后来，时间被发现是必要且不可忽略的要素；最终，时间干脆是个不可或缺的维度。

一对一的因果

时间只是"干扰因素"

A ●────▶ B

一维因果世界

相关

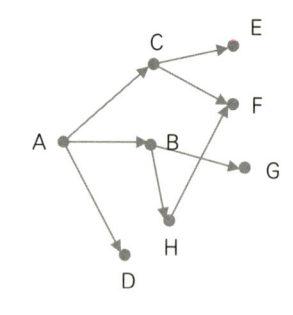

二维因果网络世界

互为因果

时间"必要且不可忽略"

A ←——→ B

时间"不可或缺"

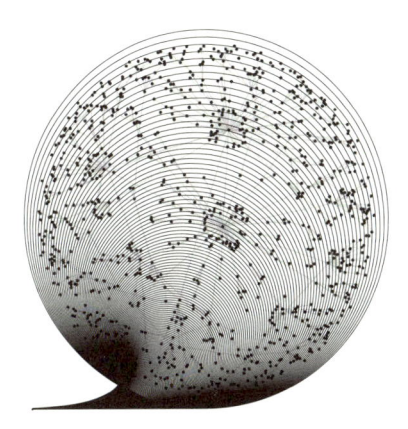

三维因果系统世界

2.3 未知

人类思考的核心目标从一开始就没变过，过去、现在、未来都一样，就是探索未知，其中很大一部分是预测未来。外部的宇宙当然充满未知，内部的精神世界同样充满未知，但最大的未知来自未来。从原始时期的巫术，到中世纪的宗教，再到现代的科学，最主要的应用场景都一样——预测未来。

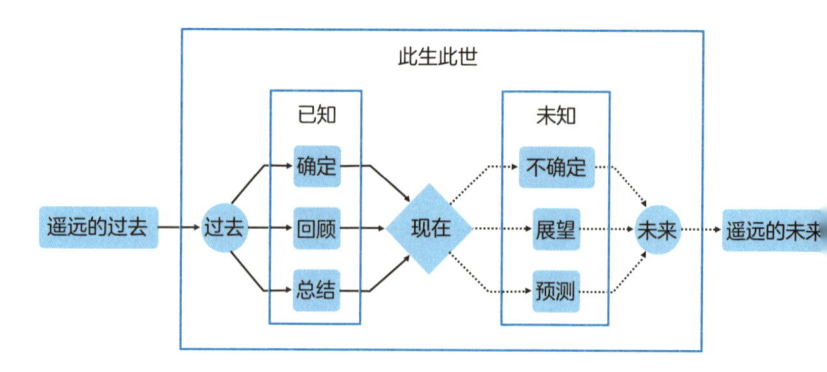

反过来描述可能更便于理解预测未来或者思考未来的重要性：无关未来的思考根本就不是真正的思考。人类全体如此，个人当然也是如此，只不过，绝大多数人只是因为无人提醒，所以从未做过真正的思考。

亚里士多德提出的三段论，奠定了形式逻辑（Formal Logic）的基础和地位。历史上，形式逻辑曾消失千年以上，然后才被重新发现，直到19世纪才被数理逻辑取代。

在亚里士多德逻辑主导的时代，人们仅有的推断工具三段论，是压根儿不考虑时间的。例如大前提"人都会死"，小前提"苏格拉底是人"，结论百分之百正确："苏格拉底也会死。"

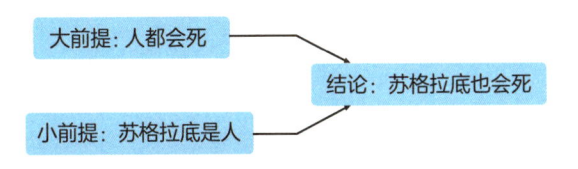

大前提：人都会死 → 结论：苏格拉底也会死
小前提：苏格拉底是人 ↗

三段论的核心局限有两个。一个是它仅能从已知推导出已知，不可能推导出此前未知的结论，也因此，其结论常常被人们戏谑地称作"逻辑严谨的废话"。另一个局限是它无法处理不确定性。如果大前提是"政客都会说谎",小前提是"丘吉尔是个政客",那么请问,结论能是什么呢?"丘吉尔也会说谎。"这显然是百分之百符合三段论的结论,可它有意义吗?当人们想知道"这一次丘吉尔说谎了吗"时,如此结论又有什么意义呢?

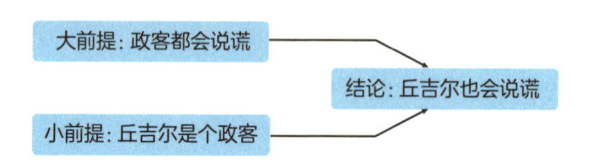

大前提:政客都会说谎

结论:丘吉尔也会说谎

小前提:丘吉尔是个政客

在很长时间里,除了亚里士多德的三段论外,人类并没有更好的思考工具,面对生活中普遍的不确定性,几乎只能靠赌。等到帕斯卡和费马开始系统研究概率论的时候,已是17世纪,距离亚里士多德时期有两千多年了。至于概率论普及则还要更久,传入中国要再过两百年,大约是19世纪30年代,等到统一使用"概率"这个译名时,已经是1964年中国科学院编写《数学名词补编》的时候了。

面对形式逻辑的主要局限——无法处理不确定性,人类一直在挣扎,但千百年来就是无可奈何。作为对形式逻辑的补充,非形式逻辑要到20世纪70年代才出现。1978 年，在加拿大的温莎大学举行的"首届国际非形式逻辑研讨会"，标志着非形式逻辑作为一门独立学科正式诞生。维基百科上有一个专门的页面"谬误列表"值得关注和研究，可以视作思考的一扇大门。

非形式逻辑当然非常有用，现已几乎是所有西方大学的新生必修课，我们今天常常听到的"批判性思维"（Critical Thinking），就来源于非形式逻辑。然而它也有局限，那就是不够严密，无法"数学化"。普通人可能想不到，无法数学化有什么问题，但对科学家来说这很严重，因为这个局限限制了思考的"规模化"——无法批量计算，无法大量计算，无法自动计算。

今天，人们已经习惯了对数据进行统计，然后分析，得出结论，希望结论可以指导自己面向未来的决策。这当然比只有形式逻辑的年代先进，也比形式逻辑和非形式逻辑相辅相成的时代先进。

数据，是已发生事实的抽象展现；以过去的数据在当下做分析，再用所得结论来指导未来时，成功概率有多高呢？肯定比不分析高。可问题在于，成功概率实际上不见得能高于 50%，甚至常常低于 50%，那还不如靠抛硬币做决策呢。

在这里需要提醒大家的是，如果大学里有什么学科最应该是"通识"的话，那就是统计概率，无他。不要误以为统计概率是理科生才需要的东西，无论是历史学、经济学、政治学，还是商业管理、公共决策，都一样，但凡想理解大量且复杂的事实，且需要深入分析，就需要扎实的统计概率基础。一定要认真学习统计概率，勤于实践。如果已经错过了，一定要重新捡起来或者自学。没学过、没学会、没学好，很吃亏——哪怕去买股票都会吃大亏，还根本不知道自己亏在哪里。

起初 — 公元前4世纪 — 形式逻辑 — 17世纪 — 统计概率 — 20世纪70年代 — 非形式逻辑

到了20世纪末、21世纪初，我们常常误以为自己活在现代文明之中，在此之前是长长的黑暗时代。可事实上，到此为止我们顶多算走到了"后半夜"，距离"黎明"还有相当长一段时间。真正可能且可以用来探索未知和预测未来的工具，尚未被全方位启用。

2.4 曙光

所谓算法,顾名思义,就是计算的方法,再通俗地说,就是每一步怎么算,其实也是一种流程。人类史上,迄今为止最重要、最具价值的算法,很可能是两百多年前一位牧师提出来的,即后来人们以他的名字命名的贝叶斯定理。

贝叶斯(1702—1761)本人可能并不同意以他名字来命名定理。严格意义上讲,贝叶斯只是证明了贝叶斯定理的一个特例;而拉普拉斯(1749—1827)证明的是贝叶斯定理的一个更普遍的版本,并将其应用于天体力学、医学统计,甚至法理学之中。遗憾的是,拉普拉斯认为这个定理几乎无关紧要;更遗憾的是,贝叶斯是个小神父,而拉普拉斯是个数学泰斗,于是,拉普拉斯的看法影响了后面一百多年里几乎所有统计学家。

直到 20 世纪 50 年代末，贝叶斯定理才被重新发现，至 21 世纪初，才开始在各个领域被全面应用，而后逐步成为今天人工智能应用的终极算法（The Master Algorithm）。

$$P(A|B) = \frac{P(A) \times P(B|A)}{P(B)}$$ [1]

虽然这个数学公式的理解难度并不是很高，但也的确不是一看就懂的。它并不存在于当前的中学课本里，甚至绝大多数的本科毕业生也对它一知半解，也许听说过这一公式的人占比也不高。这实在是"在重要知识点上认知分布差异极大"的一个经典案例。

---

[1] 贝叶斯定理的核心是通过已知事件的概率来更新我们对未知事件概率的认识。其中：
$P(A|B)$ 是在事件 B 已发生的情况下，事件 A 发生的条件概率，即后验概率；
$P(B|A)$ 是在事件 A 已发生的情况下，事件 B 发生的条件概率，即似然性；
$P(A)$ 是在不考虑事件 B 的情况下，事件 A 发生的概率，即事件 A 的边缘概率；
$P(B)$ 是在不考虑事件 A 的情况下，事件 B 发生的概率，即事件 B 的边缘概率。

智商、积累、生产资料都相对有限的普通人，比如我，常常可以选择一种捷径——囫囵吞枣。虽然那证明过程我看不大懂，可如果那结论的确严肃且靠谱，那么我总可以把它拿来直接用吧？事实上，我翻阅很多领域的科学论文时，的确经常这么干——反正也理解不了证明过程，看完概要之后就直接跳到末尾去看结论，然后拿着结论去解决问题。还别说，这样的确轻松解决了不少问题。

细想想，字面意义上的"囫囵吞枣"，虽然缺了咀嚼的过程，少了品尝的滋味，甚至吞下了本应吐掉的枣核，但从充饥的角度来看，也相当够用。

我们不是在讲概率课，也不想马上深入研究人工智能主要算法，所以我们在这里先不管具体细节，就囫囵吞枣地理解一下"贝叶斯定理"究竟是干什么的：

> 贝叶斯定理是可以用新的证据修订并提高之前假说的正确概率。

战场上的炮兵就在不由自主地应用贝叶斯定理，不管他是否知道"贝叶斯定理"这个词。或者换个说法，炮兵在击打目标的过程就是贝叶斯推理过程。当一个炮兵瞄准目标准备发射的时候，他就持有一个假说——他要熟悉自己的设备，能够估算炮弹的轨迹，估算距离和风速的影响，确定炮筒的方向和角度。这个假说有一定的成功概率，但很难直接做到100%准确。第一发炮弹打过去，击中了目标，那很好，可以说技术好也可以说运气好，事实上哪怕成功概率不超过一半，也有可能第一次就打中。第一发没打中，也正常，但第一发炮弹落地的位置将成为新的证据，这个新证据将使这位炮兵改进自己的假说，即调整炮筒方向和角度。于是，这一次的假说比上一次的假说的成功概率更高。

在此之前，形式逻辑也好，非形式逻辑也好，概率统计也罢，事实上都是面向过去的，然后一厢情愿地希望能够用基于过去的数据在当下分析出来的结论去指导未来决策。翻译过来差不多是"经过分析确定，过去是因为这样，所以现在那样"，然后再下一步是多少有些一厢情愿地认定"如果我现在这样，那么将来就会那样"。

问题在于，"如果我现在这样，那么将来就会那样"只是个假说，并不确定。有句话说得好：这世界唯一确定的就是不确定。问题在于,"不确定"总是藏在时间里,并随着时间的推移终将显现,等它出现的时候,一切都失灵了。

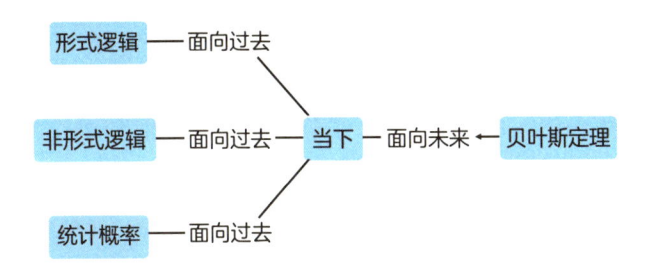

```
形式逻辑 ——— 面向过去
非形式逻辑 ——— 面向过去 ——— 当下 ——— 面向未来 ← 贝叶斯定理
统计概率 ——— 面向过去
```

贝叶斯定理不一样,它的应用是面向未来的;更关键的是,贝叶斯推理过程可以递归和迭代地使用,即反复根据新的证据提高假说的正确概率,直至接近100%。而传统的概率统计只是一次性计算,且不见得可以递归迭代地使用。

至此,人类有了面向未来的因果推理工具。贝叶斯定理可以不断用新的证据计算假说的正确概率,也可以通过对假说进行调整,逐步达到更高的正确概率。换言之,人类终于有一个工具可以用来预测未来了,虽然那预测不是一开始就 100% 准确,但可以通过不断迭代逐步提高预测的准确率。

大众倾向于拒绝任何不确定性,这是没办法的事情,尤其是试错的成本涉及金钱甚至生命的时候。在实际生活中,回避不确定性确实能够躲避很多的危险,少承担很多损失,这不可否认。但久而久之,大多数人不光回避不确定性,也养成了拒绝对不确定性进行思考的习惯,因为有限的经验表明,那不仅浪费时间,还总是危机四伏。

当然,更深层次的原因其实是人脑不够用——任何人类的大脑,在使用贝叶斯定理去预测未来或者提高预测准确度的时候,都不够用。因为贝叶斯推理过程需要的不是一次运算,而是从不间歇的运算,这只是第一个层面。再进一步,人脑更不够用,因为需要计算的因素往往不止两个,而是很多个,每多考虑一个因素,计算量就以几何级数上涨,人脑怎么可能够用呢?

万幸的是,今天的人们有了另一个工具——计算机。我认为计算机无疑是迄今最成功的仿生产品,因为电脑仿生的是极其复杂的器官:人类的大脑。随着时间的推移,综合各种因素,计算机的硬件和软件持续发展,逐步突破了各种限制。比如,单台计算的运行速度和效率在持续提高的同时,单位时间耗能越来越低;再比如,分布式网络构成的集群工作能力越来越强的同时，电力成本在持续降低。就这样，仰仗着持续提高的算力和持续降低的成本，人工智能在 2023 年突然爆发，人类进入了"智能时代"——用我的话讲，人类突然进入了暴力破解宇宙秘密的时代。

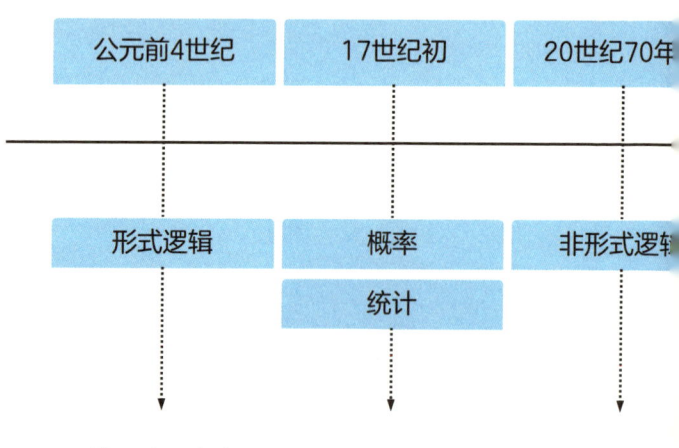

公元前4世纪	17世纪初	20世纪70年
形式逻辑	概率	非形式逻辑
	统计	

因果推理（思考）工具

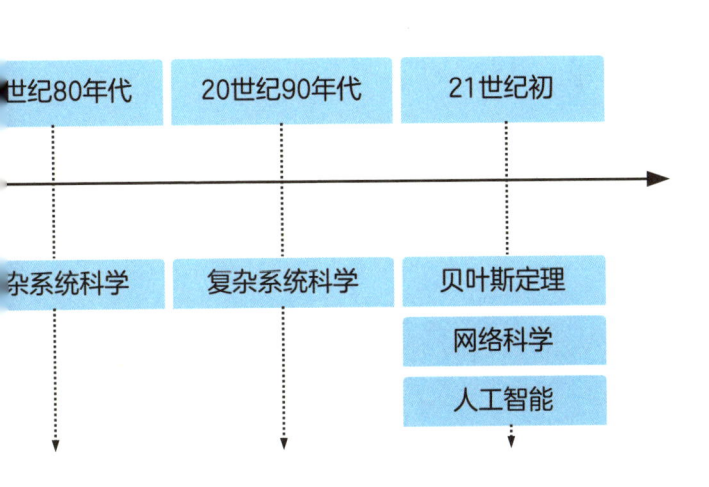

| 世纪80年代 | 20世纪90年代 | 21世纪初 |

杂系统科学 | 复杂系统科学 | 贝叶斯定理
| | | 网络科学
| | | 人工智能

返璞

当我们终于看到了"曙光"的时候,马上又沮丧地发现了一个事实:

> 我们的大脑压根儿就不够用。

事实上,无论是在一维因果世界、二维因果网络世界,还是在三维因果系统世界,抑或是形式逻辑、非形式逻辑、统计概率、复杂系统等各个领域,人的大脑一直都不够用——从来就没够用过。那怎么办?"返璞"可能是一个优势策略——面对越来越复杂的世界,反过来去找更简单、更容易理解的东西作为工具。

3.1 类比

约等于也是事物与事物之间的一种关系，类比就是个极为神奇的思考工具，常常被用来跨越"已知"和"未知"之间那原本不可逾越的鸿沟。为了理解陌生的 X，我们找来格外熟悉的 A，在 X 和 A 之间画一个约等号，X ≈ A。而后，借助 A 的种种与 X 类似的属性，去理解 X。

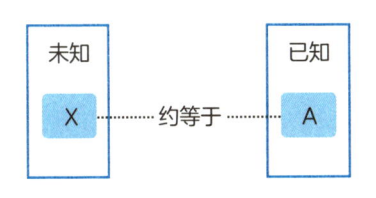

未知 X ·········· 约等于 ·········· 已知 A

我们从小就是靠类比学习的。小时候，老师为了帮我们理解地球的结构，会提醒我们先想想鸡蛋。"鸡蛋什么样，大家都知道，"然后老师说，"地球的结构分三层，就和鸡蛋一样，最外面的地壳就好像是蛋壳；再向内一层是地幔，就好像是蛋清；而这个地核就好像是……"不用老师说，我们脑子里已经想到了，甚至喊了出来："就好像是蛋黄！"

又过了几年，老师要帮助我们理解原子的内部结构。上一次用鸡蛋结构类比地球结构，是因为地球相对于我们太大了，没办法直接用肉眼观测地球结构；这一次，原子对我们来说太小了，还是没办法直接用肉眼观测原子的内部结构。怎么办？老师会提醒我们："先在脑子里想想太阳系的结构，"然后说，"原子内部与太阳系相似。在太阳系里，有若干行星绕着太阳转；那在原子内部也有很多带着负电荷的电子围绕带着正电荷的原子核转啊转。"一下子我们又明白了。

精彩的类比事实上并不是很多。我最喜欢的类比有两个：

> 教育就像是一副眼镜，戴眼镜前后，我们身处的是同一个世界，可是戴上眼镜之后，我们就可以将世界看得更清楚。受教育前后，我们身处同一个世界，可是通过接受教育，

> 我们就可以将这个世界看得更清楚、更透彻。
>
> 科学是由事实构成的,正如房子是由砖头构成的一样。可是,仅仅罗列事实并不构成科学,正如我们绝对不会直接把一堆砖头称作房子一样。

类比也是作者与读者、讲者与听众互动的最佳手段,它显然并不需要形式上的一问一答,但会引发读者或者听众的主动思考,在脑子里对话,直至发出惊叹。在我的阅读范围里,使用类比最频繁的人可能是钱锺书,从这个层面来看,《围城》可以算作我成长过程中遇到的最好的读物。这本书里,每一段都有精彩的类比。

当然,类比的运用有格外需要注意的地方:X 和 A 之间是约等号,而非等号。若是把"约等于"混同"等于",思考就会出现漏洞。因为通过已知去类比并理解未知,通常只能用来理解 X 的某个属性,而不是 X 的全部。毕竟只是局部类似,而非全部相同,也不大可能全部类似。误把"约等于"理解为"等于",会直接毁掉那座原本可以从已知跨越到未知的桥梁,使自己永远站在"已知"的一侧,再无机会去探寻那"未知"的一侧。

Web 2.0 刚刚兴起的时候，很多人无法理解，我给他们讲了半天 Twitter 究竟是什么，结果他们说："啊，我明白了！这不就是 QQ 签名吗？"Web 3.0 刚刚兴起的时候，又有很多人无法理解，我又讲了半天 Bitcoin 究竟是什么，然后他们说："啊，我明白了！这不就是数字黄金吗？"日常生活中，这种例子实在是太多了，这就是典型的把"约等于"误以为"等于"造成的理解障碍，并且，如此形成的障碍往往是不可逾越的障碍。

类比还有个用法很少被人注意到。原本，为了理解陌生的 X，会去找一个熟悉的 A——现在可以反过来用，拿已知的 A 去寻找并比较与之类似的 B、C、D、E，甚至 X，不管它们是否未知。然后就会看到很多不一样的东西，引发很多不一样的思考。

最常用的场景是，当我们理解了一个道理之后，追问自己一个问题：这个道理还能用在什么地方呢？很多道理在这个领域适用，或许在其他领域也适用，甚至通用。这个事实上极为简单的类比反向应用，被人们称为一种难得的能力：举一反三。

几何课上，老师在台上讲两条直线要么相交，要么平行（所谓重合只不过是零距离平行）。我坐在下面发呆：对啊，每个人的时间都是一条直线，那么，所谓朋友就要一起走很远，于是除了距离，最关键的其实是相同的方向，否则，即便曾经相交，也只是相交于一点而已，终将越来越远。

物理课上，我学到了另一个重要的人生道理。老师讲解牛顿的理论，质量越大引力越大。我坐在下面发呆：人与人之间的吸引力与之相像，知识越多的人吸引力越大，知识的数量和质量果然很重要。

之前提到流程优化时说过，"能并联的一定要并联"，这也是一个类比的应用实例。"并联"原本是物理课里研究电路时学到的概念。

举一反三是很重要的思考工具，它有很多近义名称，比如触类旁通、融会贯通、闻一知十、见微知著、问羊知马、推而广之等。具备这种能力的人，常常被描述为聪明、有灵气，因为他们经常能够展示事物之间的联系，这是别人看不到的。可透过表象看实质的话，这无非是"类比的反向应用"，不过是一种只要在意，只要肯学、肯练、肯积累，谁都能掌握的一个小技能而已。

3.2 发展

因果分析之中,"时间"这个被人类文明忽视了几千年的因素,一直在发挥着神秘甚至神奇的作用。一经发现,我们才意识到,在过往的时间里,我们的思考是多么狭隘。幸亏人类造出了计算机,可以帮助人类做过去无数人耗尽终生都"算"不完的工作,以至于一个新的学科在 20 世纪 80 年代兴起了——复杂性科学(Science of Complexity),专门研究复杂系统(Complex Systems)。事实上,我们一直都活在复杂系统之中,因为世界就是一个复杂系统,这个复杂系统里面的几乎每样东西也是复杂系统,比如我们的人体,以及包括在我们人体之内的大脑。

科学家的伟大之处在于,他们中的一部分人在完

成复杂且艰辛的研究之后,还会做科普,用通俗易懂的方式向大众普及研究成果。复杂性科学的核心也很容易说清楚:

> 极为简单的要素和规则,经过大量的迭代,就可能涌现出原本不可想象的复杂结果——这个过程,就是发展的过程。发展常常并没有尽头,而在这个过程中,时间是发展的唯一路径。

——请注意这几个关键词:简单、迭代、涌现、不可想象、复杂、发展、时间。

在继续后面的学习之前,需要你在电脑上安装一个软件——NetLogo,这是一个基于代理人的整合开发环境(Agent-based Programing IDE)。下载地址是:

> https://ccl.northwestern.edu/netlogo/download.shtml

别担心!我不是想让你写代码,只是需要你点点鼠标,运行一个程序,观察程序的执行结果。

图 3.2-1 是 NetLogo 第一次运行的画面，看起来很简陋。

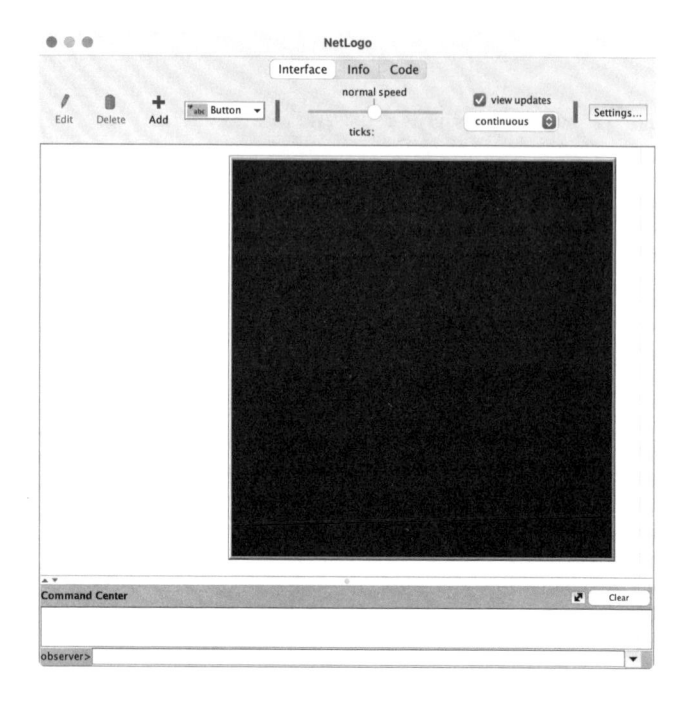

图 3.2-1

在程序的菜单中找到"File → Models Library",会跳出一个对话框,在左下角的搜索框里输入"Vant",接着在对话框左侧的列表中选择"Sample Models → Computer Science → Vants",如图3.2-2所示。然后点击对话框右下角的"Open"按钮。

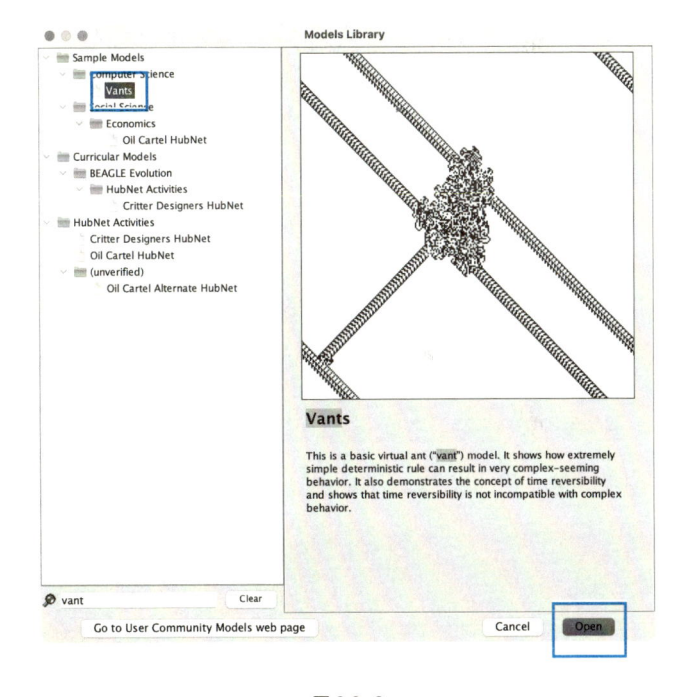

图 3.2-2

在 NetLogo 主窗口里,这个叫作 Vant 的模型就被打开了,如图 3.2-3 所示:

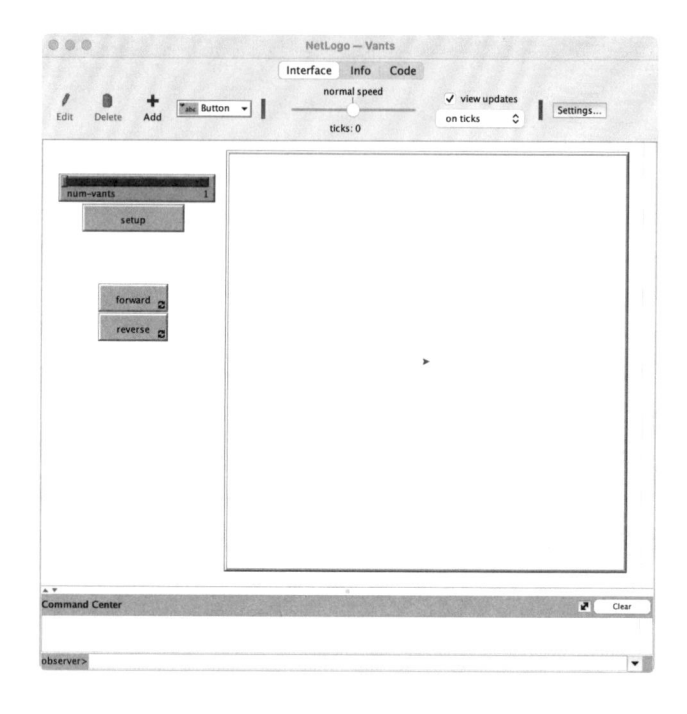

图 3.2-3

先点击一下右上角的"Settings"按钮，取消选择"World wraps horizontally"和"World wraps vertically"，如图 3.2-4 所示。然后点击"OK"按钮关闭对话框。

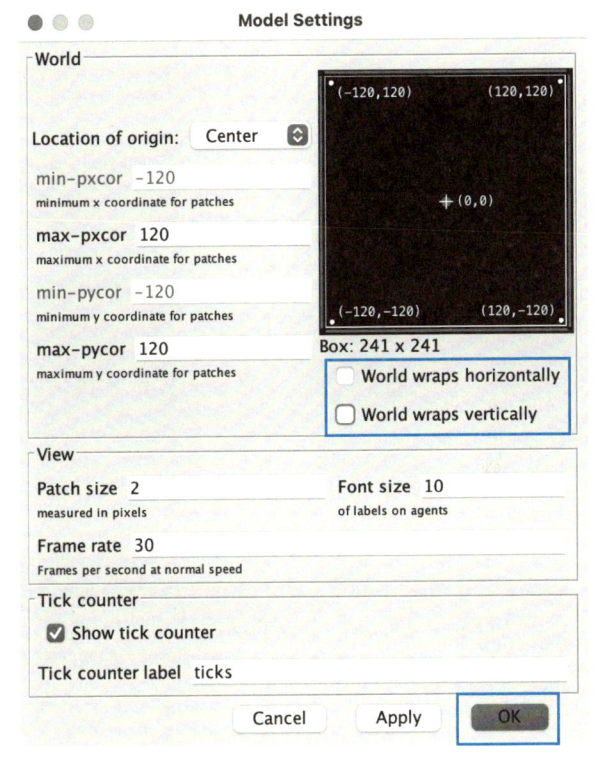

图 3.2-4

点击一下程序界面左侧的"setup"按钮，再点击一下"forward"按钮，看看会发生什么。另外，程序界面的上侧有一个滑块可以让你在程序执行过程中随时调整执行步骤的更新速度。

这个模型的全称是兰顿蚂蚁（Langton's Ant），是一个通用图灵机[1]，由克里斯托夫·兰顿（Christopher Langton）于 1986 年提出，于 2000 年被证明为"图灵完备"[2]。

在一个无限大的平面棋盘中（NetLogo 里模拟的是 50×50 的棋盘），在任意一个格子里放一只想象中的蚂蚁，这只蚂蚁只能选择上下左右四个方向之一，依照以下两条极为简单的规则移动：

如果它在白色格子里，就将格子变成黑色，而后右转，前行一步。

如果它在黑色的格子里的话，就将格子变成白色，

---

[1] 图灵机：又称图灵计算机。是由英国数学家艾伦·麦席森·图灵于 1936 年提出的抽象计算模型。图灵机有至少一条无限长、可以双向移动的纸带，根据纸带的数量可以分为单带图灵机和多带图灵机。

[2] 图灵完备：在可计算性理论中，如果一系列操作数据的规则（如编程语言）可以用来模拟单带图灵机（仅使用一条纸带的图灵机），那么它是图灵完备的。

而后左转，前行一步。

规则如此简单，然后会发生什么呢？接下来的发展分为三个阶段：

简单阶段：在最初的几百步里，蚂蚁的足迹会形成非常简单的对称图形。如图 3.2-5：

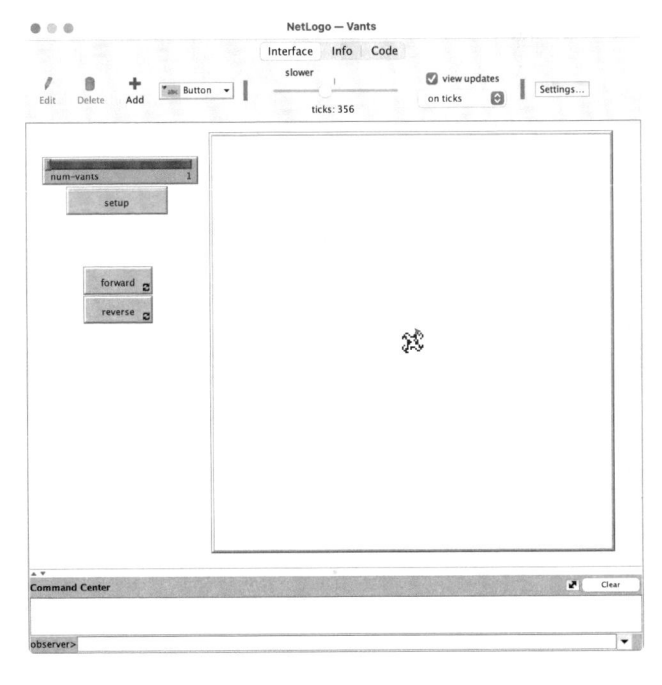

图 3.2-5

混沌阶段：几百步之后，逐渐形成毫无规则可言的随机图形。如图 3.2-6：

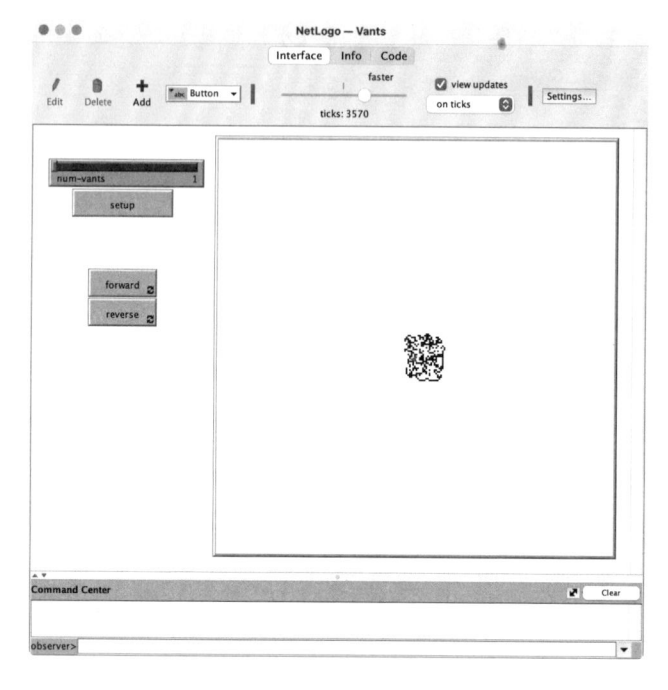

图 3.2-6

秩序阶段：大约在一万步之后，"秩序"突然涌现。蚂蚁的足迹会显现一个由 104 步构成的图形（被网友戏称为"高速公路"），永不停歇。如图 3.2-7：

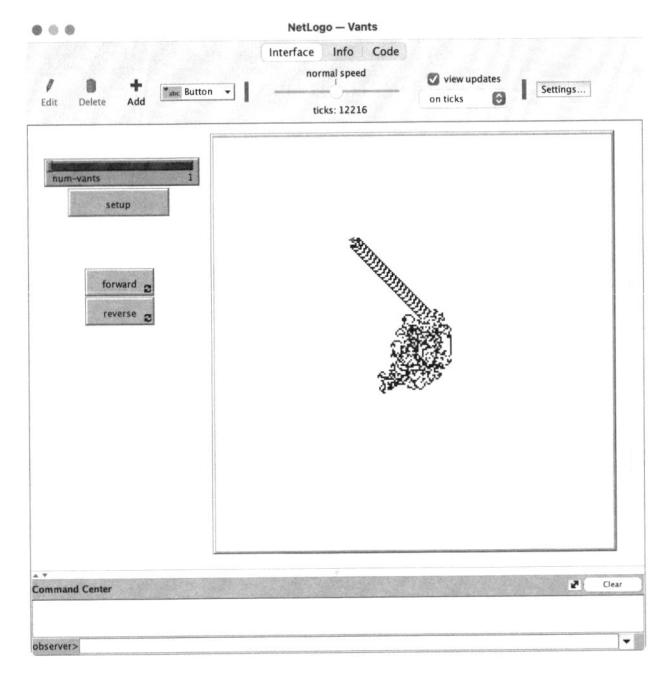

图 3.2-7

重新点一下"setup"按钮可以恢复到起始状态，而后再次重新开始。每一次，"高速公路"的方向都可能不一样，但无论如何，蚂蚁都会最终朝着一个方向驰骋——虽然从蚂蚁的视角看，每时每刻它都只是在绕圈子。

重新回顾那几个关键词：简单、迭代、涌现、不可想象、复杂、发展、时间。而后在重复执行这个模型的过程里，反复体会这几个关键词。

我们当然可以说，只因最初那两个极其简单的规则，经过足够长的时间之后，蚂蚁终于找到了自己的方向。但真正的关键在于，谁都无法在一开始就精确预测到长时间迭代之后涌现出的结果。这就好像谁都无法提前想象地球上的生命从那么简单的单细胞生物开始，仅靠分裂、复制、变异这三个规则，在随后的几十亿年陆续涌现出那么多千奇百怪的物种。

3.3 简单

使用类比思维,复杂性科学给我们最大的启示可以用一个类似公式的方式表达:

> 简单 × 迭代 = 复杂 / 精彩

或者添加点修饰:

> 极致简单 × 无限迭代 = 极度复杂 / 意外精彩

也就是说,我们可以把这个来自复杂系统科学的公式,通过类比应用到生活的方方面面,因为我们的生活确实是或者至少近似于复杂系统。

另外需要说明一下,"迭代"和"重复"之间有微妙的差别。

迭代是递归地重复，即每一次重复的时候，都是把上一次的输出结果当作这一次的输入内容，即以新的结果作为下一次迭代的初始版本。例如你每天晨跑，用日常话讲就是"每天早上重复跑步过程"。然而，这个每天早上重复的跑步过程其实就是迭代。因为你每次跑步之前和跑步之后是有变化的——你更健康了，虽然这个变化很不明显。第一天跑完之后，第二天你再次启动跑步过程的时候，这一次的输入就是上一次的输出——这就是递归地重复，即迭代。

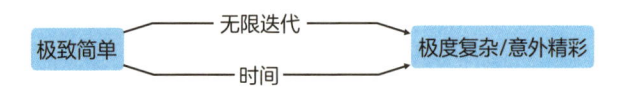

极致简单 ——无限迭代——→ 极度复杂/意外精彩
         ——时间——

所谓发展就是迭代简单的事。发展没有尽头，没有最复杂，只有更复杂。发展过程很枯燥，因为只是在迭代简单的事而已；发展结果却很意外，越来越意外，很精彩，越来越精彩；可无论发展结果有多么复杂，多么意外，多么精彩，发展过程只不过是在迭代简单的事。

时间是发展的唯一路径。时间不可或缺。

生活中简单的事，经过多次迭代，进而涌现出精彩的案例几乎无处不在。只不过在过去，我们不知不觉被禁锢在一维因果世界里，只关注、重视一对一的因果关系，于是看不到"房间里的大象"。

"什么更重要"这个简单的问题，反复问，就能找到"什么最重要"。针对所有问题的所有方面，重复问这个简单的问题，到最后涌现出来的就是一个重要且复杂的东西——价值观。

什么更重要 — 多次迭代 — **什么最重要** —— **价值观**

价值观肯定不是遗传的，也绝对不是一下子形成的，它只能是逐步发展出来的。而这个发展过程，就是在重复简单的事，任何时候、任何情况下反复问自己"什么更重要"，仅此而已。又因为价值观在发展，所以它不可能一成不变。

如果你是被禁锢在一维因果世界的设计论者，你就会习惯对未来设计一个系统，而后从起点到达终点，再顺着时间逆向策划，制订计划，执行计划。这样下来，你会发现到最后，总是成功者寥寥。如果你是父母，想要塑造子女的价值观，作为设计论者，你会整理出一本厚厚的册子，详细阐述几百个方面。然后呢？有用吗？你的子女也被你教育成设计论者的话，他们可能只关注你那本厚册子里的东西，不管有用没用，而他们对外部的复杂世界却视而不见。可怕。

现在，我们看到了一个由时间贯穿发展的三维因果系统世界，也多少明白了复杂系统的本质。于是，通过类比思考，我们变成了发展论者，那么一切都不一样了。那么复杂的价值观，我们竟然只需要一个简单问题——什么更重要——就可以从零开始启动了。通过不断重复，经由时间发展，最后逐步形成一个实际上有效的价值观。因为这种做法很简单，所以可行，无论对你还是你的子女来说都一样。而且这种做法一直有用，越来越有用。

设计论者和发展论者有一个微妙且无法调和的不同，那就是面对未来的态度。设计论者不能接受意外和不可想象，他们本质上需要一个确定的未来——当然，这从来都只能是一厢情愿。发展论者笃信的是发展的存在与发展的力量，而不是哪个确定的发展结果——未来是不确定的，也应该是不确定的。

3.4 升级

最后,无论是有意还是无意,我们的脑子里都有三张表:

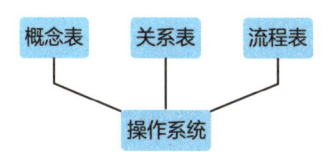

```
概念表   关系表   流程表
     \    |    /
       操作系统
```

这三张表就构成了我们的操作系统,无论我们学习什么、理解什么、思考什么、做什么,到最后,本质上来看都是对这三张表执行 CRUD 操作——新建、读取、更新和删除。而所谓升级,本质上不过是在不断 CRUD 而已。

在时间推移的过程中,我们在发展。换个角度来看,发展是什么意思?不过就是这三张表在不断新建记录、读取记录、更新记录、删除不必要的记录。为了学习、理解、思考，这三张表就都会有新建的操作；如果我们真的学到了，无论是上课还是读书，那么这三张表就都会有新建、更新或者删除的操作；如果我们学到之后也的确践行了，那么这三张表就都会有读取的操作；践行的过程中，会有新的学习需求出现，也会有新的发现、新的感悟、新的思考，于是这三张表就在不断积累、不断变化——所谓变得更有经验，或者变得更聪明，无非是这三张表变化的结果。

人们花同样价钱买同样配置的电脑，用上一段时间之后，同样的电脑却开始发挥不同的作用。为什么？有的电脑操作系统从不升级，有的电脑文件系统从不清理，有的电脑装上了很多不必要的软件，从而降低了系统运行效率，有的电脑装的全都是娱乐软件，而有的电脑虽然也有娱乐软件，却安装了更多生产工具。

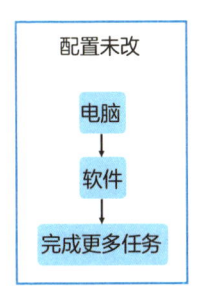

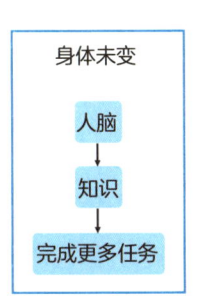

```
配置未改              身体未变
  电脑                  人脑
   ↓                    ↓
  软件                  知识
   ↓                    ↓
完成更多任务          完成更多任务
```

对照一下就会发现，人们对待自己的电脑和对待自己的大脑的模式很类似。有太多的人不学习，相当于不升级自己的操作系统；不做笔记（当然更谈不上整理笔记），相当于从不清理自己的文件系统；不在意选择，相当于安装的全都是乱七八糟的软件；不在意效率，相当于几乎没有有用的生产工具。到最后，虽然每个人的配置还是老样子——一具身体顶着一颗脑袋，同样是两只眼睛、两只耳朵、一个鼻子、一张嘴——能做的事情却天差地别。

现在，我们多了一个简单的判断标准。真正有意义的学习（无论好书、好课还是好的讨论），一切有意义的思考和实践（无论是行动、经历意外还是解决问题），都会引发这三张表的变化、积累或者更新。反过来，如果花钱买了书买了课，花时间看了书听了课，耗费时间精力参与了讨论，这三张表竟然没有发生任何变化，那就只能说明全无收获——多么简单粗暴直接有效的判断依据。

注意判断标准这个词。其实，关系表生成的主要功用就是判断力——什么是什么，什么属于什么，什么不属于什么，什么和什么有所交集，什么和什么全无交集，什么更重要，什么最重要，什么会导致什么，什么和什么互为因果相互促进。

举例来说，通过学习这本《思考的真相》，你就在不断更新自己大脑中的三张表。又因为这三张表真的在更新，那么你所花费的时间的确用在了有意义的学习和有意义的思考上。

比如贝叶斯定理、复杂系统、网络科学，可能是你过去听过但并不理解的概念，现在它们更清晰了一点。即便依然并不十分理解，但你更新了关系表，知道它们都是与因果分析相关的概念。

再比如，你新学了迭代，知道了它与重复之间的区别，并且了解迭代与简单和复杂/精彩之间的关系，领悟了时间是发展的唯一路径。

又比如，在学习"流程"那一课时，你顺带更新了关系表：

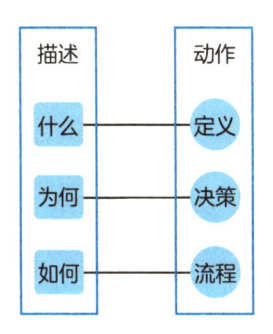

```
描述        动作
什么 ────── 定义
为何 ────── 决策
如何 ────── 流程
```

当然，最为重要且惊人的是，你在这门课程里听到、理解并学到了几个中文世界里第一次出现的词，比如"一维因果世界""二维因果网络世界""三维因果系统世界"。

话说回来，现在我们可以认为，概念表其实对应着认知，关系表对应着判断，而流程表则对应着行动：

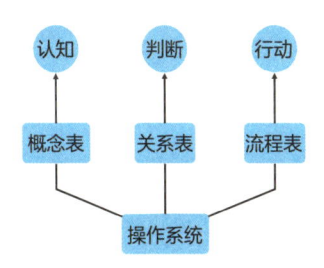

```
认知    判断    行动
 ↑      ↑      ↑
概念表  关系表  流程表
  \     |     /
     操作系统
```

当然，三张表的形成是有先后顺序的。首先得概念表梳理得足够好，关系表才可能足够清楚，而后流程表才可能保持最优。从动作上来看，先有认知，后有判断，然后才是行动。

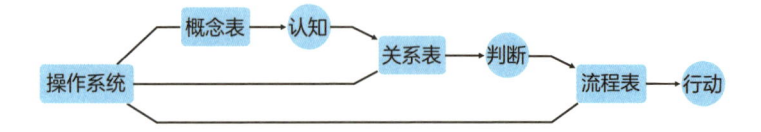

操作系统 → 概念表 → 认知 → 关系表 → 判断 → 流程表 → 行动

这三张表刚开始几乎空空如也，从定义、分类、比较、因果这四个极为简单的要素构成的思考框架开始，不断迭代。随着时间的推移，概念表、关系表、流程表开始逐步积累，而后又是由四个简单操作构成的CRUD，经过长时间的反复，形成各种认知、判断、行动，最终通过时间这个发展的唯一路径，逐步形成所谓的命运。起初的时候，谁能想象？

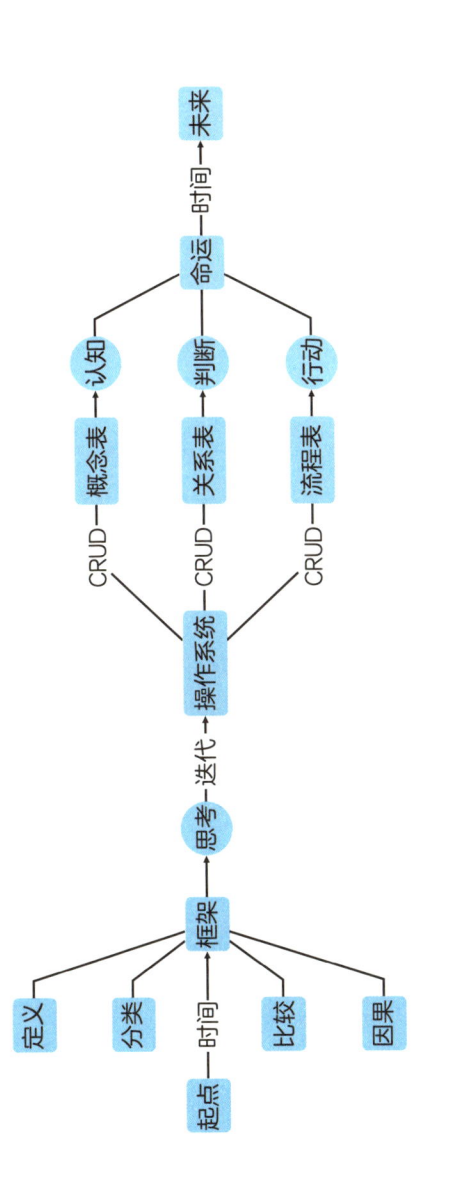

```mermaid
graph TD
    起点 --时间--> 框架
    框架 --> 定义
    框架 --> 分类
    框架 --> 比较
    框架 --> 因果
    框架 --> 思考
    思考 --迭代--> 操作系统
    操作系统 --CRUD--> 概念表
    操作系统 --CRUD--> 关系表
    操作系统 --CRUD--> 流程表
    概念表 --> 认知
    关系表 --> 判断
    流程表 --> 行动
    认知 --> 命运
    判断 --> 命运
    行动 --> 命运
    命运 --时间--> 未来
```

总结

《思考的真相》这门小课至此就结束了。我相信这个简单的思考框架,是所有普通人都可以快速掌握的,也是所有普通人随时随地都用得上的。

思考的最大应用是学习。我们一生中一切有意义的事情都是"学"来的。这是学习的工具。

无论是生活的哪一方面,思考、学习、工作,还是与家人的交流、对孩子的教育,都依赖正常的思考能力。

我的每一部作品,其实都是这门小课的实践案例,都是我用这个极为简单的思考框架不断思考、积累,最终发展出来的结果。

这个思考框架对我来说实在是太有用了,我真切希望它对你也真的有用。

(全书完)

李笑来

投资人,畅销书作家。
2011年进入投资领域。
2019年组建"富足人生社群",
关注个人成长、财富积累、家庭建设。

出版作品：

《财富的真相》
《微信互联网平民创业》
《让时间陪你慢慢变富》
《自学是门手艺》
《韭菜的自我修养》
《财富自由之路》
《把时间当作朋友》
《TOEFL iBT高分作文》
《TOEFL 核心词汇21天突破》

请您关注微信服务号"笑来"，
了解更多书籍、课程以及社群。

思考的真相

作者 _ 李笑来

编辑 _ 张睿汐   装帧设计 _ 肖雯   主管 _ 王光裕
技术编辑 _ 顾逸飞   责任印制 _ 梁拥军   出品人 _ 贺彦军

果麦
www.goldmye.com

以 微 小 的 力 量 推 动 文 明

图书在版编目（CIP）数据

思考的真相 / 李笑来著. — 广州：广东经济出版社，2024.5（2025.8重印）
ISBN 978-7-5454-9246-0

Ⅰ.①思… Ⅱ.①李… Ⅲ.①思维方法 Ⅳ.①B804

中国国家版本馆CIP数据核字（2024）第082298号

责任编辑：	刘亚平	吴泽莹	黄玥妍
责任技编：	陆俊帆	顾逸飞	

思考的真相
SIKAO DE ZHENXIANG

出版发行：	广东经济出版社（广州市环市东路水荫路11号11~12楼）
印　　刷：	河北鹏润印刷有限公司
	（河北省肃宁县经济开发区宏业路1号）

开　　本：787毫米×1092毫米　1/32	印　　张：3.5
版　　次：2024年5月第1版	印　　次：2025年8月第5次
书　　号：ISBN 978-7-5454-9246-0	字　　数：58千字
定　　价：45.00 元	

发行电话：(020) 87393830　　　　　　　编辑邮箱：gdjjcbstg@163.com
广东经济出版社常年法律顾问：胡志海律师　　法务电话：(020) 37603025
如发现印装质量问题，请与本社联系，本社负责调换。
版权所有 · 侵权必究